Un tandem de choc

Des soins et de l'affection

Des animaux sociables

Longtemps, on a considéré les cochons d'Inde comme des animaux ennuyeux. Lorsque vous accueillerez vos nouveaux pensionnaires, vous serez rapidement convaincu du contraire : ces petits rongeurs ont une vie sociale complexe. Par ailleurs, ils sont doués de nombreux talents qui les rendent très attachants. Après avoir gagné leur confiance, vous découvrirez chaque jour une nouvelle facette de leur personnalité. Si vous les élevez en respectant leur rythme biologique, ils deviendront des compagnons de rêve.

Le cochon d'Inde doit être en contact avec d'autres congénères. Ainsi, les petits rongeurs exposeront toutes les facettes de leur comportement.

Connaître les cochons d'Inde

L'origine des cochons d'Inde

Les relations entre les cochons d'Inde et l'homme ont été très mouvementées. Si ces petits rongeurs comptent aujourd'hui parmi les animaux domestiques les plus appréciés, ils ont joué un tout autre rôle dans leur région d'origine, l'Amérique du Sud, où ils sont élevés depuis des milliers d'années.

CARACTÉRISTIQUES

Tous les représentants de la sous-famille des cochons d'Inde (Caviinae, Murray, 1866) sont exclusivement originaires d'Amérique du Sud. Cette famille comprend le cobaye *(Cavia aperea)*, très répandu sur ce continent. En raison de son aire de répartition étendue, on dénombre neuf sous-espèces ou races géographiques. L'une d'entre elles est le *Cavia aperea tschudii*, qui vit au Pérou. Sur le côté supérieur du corps, son pelage est gris cannelle foncé et arbore des tons jaune rougeâtre tirant sur le gris. Les poils foncés, toujours plus longs, donnent naissance à une combinaison de couleurs semblable à celle du lapin sauvage et du lièvre européen (page 12). Chez le *Cavia aperea tschudii,* ces poils peuvent être si sombres que le dessus de l'animal paraît

Dans leurs pays d'origine, les cochons d'Inde sont élevés pour leur viande. Ils peuvent peser jusqu'à 4 kg. Ci-dessus, un cuy (à gauche) face à un cochon d'Inde tel que nous le rencontrons chez nous.

presque noir. Du côté de l'abdomen, ces cobayes présentent un pelage jaune rougeâtre tirant sur le blanc. Au niveau de la gorge, on trouve une tache plus claire. C'est de cette sous-espèce dont sont issus nos chers cochons d'Inde.

ORIGINE

La domestication des cochons d'Inde a vraisemblablement commencé avant l'époque des Incas. Destinés à être sacrifiés, ils ont ensuite été élevés pour leur chair.

▶ **Les momies des cochons d'Inde** datant de cette époque nous apprennent qu'il existait déjà des animaux de différentes couleurs. Seul le noir n'a jamais été trouvé, probablement parce que cette couleur était associée aux esprits malveillants.

▶ **Aujourd'hui encore,** les croyances liées aux cochons d'Inde remontant aux Incas subsistent en Amérique du Sud. Par exemple, ils aideraient à guérir les maladies. Dans les hautes Andes, les cochons d'Inde domestiques sont toujours élevés pour leur viande (page 11).

La couleur dite « agouti » est la couleur du cochon d'Inde sauvage. Chaque poil est constitué de trois bandes de couleurs.

▶ **Les premiers cochons d'Inde domestiques** sont arrivés en Europe après la découverte de l'Amérique en 1492. Au départ, ils étaient rares et donc chers. En Grande-Bretagne, un animal coûtait une guinée. On ignore si son nom anglais, *guinea pig*, provient de là, ainsi que de sa ressemblance, tant dans l'allure que dans le cri, avec le cochon. En français, cette ressemblance lui a également valu le nom de cochon, qualifié « d'Inde », parce que Christophe Colomb a cru débarquer aux Indes en découvrant l'Amérique.

▶ **Le nom latin** du cochon d'Inde est *Cavia aperea forma porcellus*. Également appelé cobaye en français, il se traduit respectivement par cobayo, cavy (ou cui, qui vient des Indiens Quechuas) en espagnol et en anglais.

> ### À SAVOIR
> ➡ **Une vraie communauté**
>
> **Comme à l'époque des Incas,** les habitants des Andes élèvent encore souvent des cochons d'Inde dans leur hutte. **Les huttes** sont divisées en deux : la vie de famille se déroule dans la première moitié, celle où l'on cuisine.
> La moitié située au fond de la hutte comporte deux niveaux : la famille dort à l'étage supérieur, la partie inférieure étant réservée aux cochons d'Inde.

Des aptitudes fascinantes

Dans la nature, les cochons d'Inde, de par leur caractère sociable, vivent toujours en groupes. De récentes études ont mis en lumière la complexité de leurs relations sociales. Leurs sens jouent alors un rôle essentiel.

OUÏE

Au niveau de l'oreille interne, la cochlée présente quatre circonvolutions, alors que celle de l'homme, de la souris et du rat n'en compte que deux et demi. Par conséquent, l'espace dévolu aux cellules auditives du cochon d'Inde est bien plus étendu, ce qui lui confère une ouïe

Les cochons d'Inde bénéficient d'un champ de vision étendu, mais évaluent mal les distances.

exceptionnelle. Ainsi, si un homme jeune peut entendre des sons d'une fréquence maximale de 20 000 Hz, le cochon d'Inde perçoit des sons dont la fréquence atteint 33 000 Hz.

ODORAT

Ce sens est surtout sollicité lorsque différents individus entrent en contact ou dans le cadre du comportement sexuel. Par exemple, des mâles prêts à s'accoupler vont uriner et laisser des substances odorantes qui jouent un rôle essentiel. Les femelles qui ne sont pas en chaleur adoptent un comportement de refus et montrent, en émettant certaines odeurs, qu'elles ne souhaitent pas se reproduire.
▸ **Les cochons d'Inde d'une même communauté** se reconnaissent mutuellement grâce aux odeurs. Les animaux utilisent également leur odorat pour réintégrer des juvéniles qui s'étaient perdus et retrouvés isolés

du groupe. Cette reconnaissance spécifique au groupe concerne aussi les adultes séparés du groupe pendant quelques jours.
▸ **Le marquage du territoire,** à l'aide de sécrétions et de l'urine, explique pourquoi le cochon d'Inde se sent bien dans son environnement habituel, alors qu'il se montre souvent très inquiet dans un milieu inconnu, inquiétude qu'il manifeste par un comportement craintif.
▸ **L'odorat des cochons d'Inde** est bien plus sensible que celui de l'homme (environ 1 000 fois plus). Ils perçoivent ainsi de multiples odeurs et informations qui passent totalement inaperçues pour nous.
▸ **L'animal utilise son odorat** lorsqu'il s'alimente, par exemple pour différencier les aliments digestes de ceux qui ne le sont pas, et pour reconnaître ses maîtres.

VUE

En raison de l'emplacement de leurs yeux, les cochons d'Inde peuvent voir à la fois vers l'avant et sur les côtés sans bouger la tête, ce qui leur confère un grand champ de vision. Dans la nature, cette aptitude est essentielle afin que les animaux puissent se protéger de leurs prédateurs. Ils discernent quelques couleurs de base (rouge, jaune, vert et bleu), ce qui joue un rôle important, notamment pour leur alimentation.

Les cochons d'Inde possèdent des sens très développés qui, dans de nombreux domaines, surpassent ceux de l'homme.

TOUCHER

Les vibrisses situées de part et d'autre de la bouche et du nez permettent au cochon d'Inde de s'orienter et de déterminer dans l'obscurité s'il a suffisamment d'espace pour se faufiler ou si des obstacles se trouvent sur son chemin. Chez les cochons d'Inde Rex, ces vibrisses sont plus courtes et en partie ondulées. Chez le merino, le texel et l'alpaga, elles ne sont pas raides et droites, mais ondulées, ce qui perturbe gravement leur sens de l'orientation dans l'obscurité.

GOÛT

Lorsque l'odorat d'un cochon d'Inde ne lui permet pas d'identifier clairement un aliment, il fait appel à son goût. Outre les réactions liées à son instinct, ses expériences passées lui permettent de distinguer un bon aliment d'un mauvais. En d'autres termes, le cochon d'Inde préférera un aliment sucré à un aliment aigre. Toutefois, les aliments amers ne lui déplaisent pas, si bien qu'il mange avec plaisir des pissenlits. Les goûts varient selon les animaux et les cochons d'Inde n'apprécient pas tous la même chose.

À SAVOIR
➜ **Un univers sensoriel**

Tenez compte des capacités sensorielles de vos cochons d'Inde.
Des odeurs fortes, comme celles dégagées par la fumée de cigarette ou les détergents, irritent leur nez.
Des mouvements rapides au-dessus de leur tête déclenchent une réaction de fuite.

Aptitudes

Une grande diversité de races

En dehors du lapin, aucun autre animal domestique ne présente autant de diversité de couleurs et de pelages que le cochon d'Inde. Alors que de beaux animaux en pleine santé satisferont la plupart des amateurs, de nombreux éleveurs feront leur choix parmi des standards définis.

La domestication des cochons d'Inde a permis de diversifier les espèces, donnant ainsi naissance à des individus bien différents de leurs congénères sauvages.

Les cochons d'Inde ont souvent un pelage bariolé, très apprécié des enfants. L'essentiel, c'est qu'ils se sentent bien dans leur peau.

ANATOMIE

Par rapport à leurs congénères sauvages, les cochons d'Inde domestiques sont un peu plus grands, massifs, compacts et même un peu plus « balourds ». Toutefois, contrairement à la plupart des animaux domestiques, il n'existe pas de cochons d'Inde nains ou d'animaux présentant des extrémités plus courtes, du moins jusqu'à présent. Seules les oreilles peuvent parfois être différentes (oreilles pendantes) par rapport au cochon d'Inde sauvage.

▸ **Les cochons d'Inde de race,** élevés selon des standards définis, possèdent un corps plus compact que les cochons d'Inde « normaux », avec les os de la face raccourcis et un nez busqué. La tête courte et ronde, qui constitue une exigence du standard, peut être à l'origine de graves problèmes de santé.

DES COULEURS VARIÉES

Outre les espèces mentionnées dans les pages suivantes, on trouve par exemple des cochons d'Inde dits « rouges » (rouge brun, brun moyen, tons jaune et jaune clair). Il existe naturellement des animaux noirs, ainsi que des bleus, une couleur rare jusqu'à présent et qui, en réalité, tire sur le gris. À ce début de liste, il convient d'ajouter la couleur chocolat et des animaux présentant ce que l'on appelle l'acromélanisme, qui présentent un pelage plus sombre aux extrémités du corps. À la naissance, ils sont blancs, puis les extrémités du corps s'assombrissent. Les zones autour du nez, de la bouche

Les cochons d'Inde « normaux » se trouvent dans les animaleries. La plupart du temps, ils ont une santé plus solide.

et des oreilles, ainsi que le bout des pattes deviennent noirs ou brun foncé, ou plus clairs (gris bleu ou tirant sur le rouge). Parfois, seule une partie des pattes, du nez ou des oreilles est plus foncée. Avec ce schéma de couleur, l'œil est toujours dépourvu de pigmentation, et donc rouge. Les différences de couleur ne tiennent pas compte du type de poil : les couleurs sont variées, que les poils soient normaux, lisses (similaires à ceux du cochon d'Inde sauvage), longs ou avec des rosettes.

LES CUYS

Ce sont les cochons d'Inde géants élevés pour leur viande en Amérique du Sud. Un « cobayo », la plus grande race péruvienne, peut dépasser les 50 cm et les 4,5 kg. On trouve parfois des cuys dans nos contrées. Ils sont assez timides et se laissent rarement caresser.

À SAVOIR
→ Différences

L'évolution a suivi des chemins quasiment séparés pendant 500 ans. Alors que les animaux de taille normale possèdent quatre **orteils** à l'avant et trois à l'arrière, les cochons d'Inde géants en ont souvent cinq, six, voire sept, que ce soit aux pattes avant ou arrière.

VOIR VIDÉO
Choisir son cochon d'Inde

Diversité de races

Agouti

▶ **Raffiné :** Pour décrire les cochons d'Inde, on emploie l'expression « couleur agouti » lorsque le cas s'y prête. L'agouti est un rongeur d'Amérique du Sud et sa couleur est celle qui se rapproche le plus de celle du cochon d'Inde sauvage. Chaque poil est composé de deux à trois bandes colorées différentes. C'est ce qu'on appelle le « ticking ».

▶ **Variantes :** Si cette couleur est associée à des reflets dorés, on parle d'agouti doré. Si le ton brun emprunté à l'espace sauvage disparaît suite à une mutation, on parle d'agouti argenté, une couleur qui correspond à celle du chinchilla.

Blanc

▶ **Pas de couleur :** Les cochons d'Inde albinos sont complètement blancs. La peau, les poils et l'iris sont dépourvus de toute pigmentation. Leur iris est si fin que l'œil prend une coloration rouge car on peut voir les vaisseaux sanguins tapissant le fond de l'œil.

▶ **Satin :** Ce terme désigne des cochons d'Inde aux poils soyeux et plus fins. Le pelage des cochons d'Inde satin reflète différemment la lumière car le bulbe de leurs poils est creux. Le facteur satin peut se rencontrer avec toutes les couleurs et formes de poils.

Tacheté

▶ **Un mélange de couleurs :** Comme d'autres animaux domestiques, le cochon d'Inde peut présenter une absence partielle de pigmentation, ce qui donne naissance à des animaux tachetés. Leur pelage peut être de deux couleurs différentes : on trouve généralement le blanc associé au roux, au doré, au noir ou à une autre couleur.

▶ **Variantes :** Les animaux présentant un pelage tacheté de roux et de doré ou de noir sont très appréciés. On parle alors de cochons d'Inde japonais ou écaille de tortue. Il existe également des animaux dorés et agouti ou roux et agouti, ainsi que des cochons d'Inde au pelage gris et blanc.

Tricolore

▶ **Des « pièces » uniques :** Les cochons d'Inde tricolores sont peut-être les plus appréciés, tant des adultes que des enfants. On rencontre de nombreuses combinaisons de couleurs : du roux au doré, beige ou agouti avec du blanc ou du noir. Un animal ne ressemble à aucun autre.

▶ **De véritables clowns :** Ce schéma de couleurs apparaît non seulement chez les cochons d'Inde à poils normaux, longs ou à rosettes, mais également chez d'autres races, comme le Rex, le satin, le merino, l'alpaga et le texel.

Couronné

▶ **Une tête de champignon:** La particularité du couronné, qui possède des poils de longueur normale, réside dans sa rosette sur le front, si bien que les poils partent dans toutes les directions. De nombreux cochons d'Inde élevés en Amérique du Sud présentent cette rosette sur le front (même les cochons d'Inde géants).

▶ **Variantes:** Un cochon d'Inde unicolore avec une rosette de la même couleur est appelé « couronné anglais » (ang. *English Crested*). Un animal avec une rosette blanche est « un couronné américain » (ang. *American Crested*).

Cochon d'Inde à rosettes

▶ **Un pelage « tourbillonnant »:** Les représentants de cette race doivent avoir huit rosettes au minimum, réparties de manière symétrique sur certaines parties du corps. Dans l'idéal, on en trouve une de chaque côté de la patte arrière, une sur chaque hanche, quatre alignées autour de la taille et une sur chaque joue. Les rosettes doivent être rondes et leur centre le plus petit possible.

▶ **Des animaux stars:** Ils sont très appréciés. L'éleveur amateur ne s'attachera pas au nombre de rosettes ou de tourbillons. Il existe depuis plusieurs siècles des cochons d'Inde à rosettes avec des poils longs (angoras à rosettes).

Texel

▶ **Une permanente:** Le texel est un cochon d'Inde aux poils longs et bouclés. Sur la tête, les poils sont courts. Le texel est issu d'un croisement entre un shelty à poils longs et un cochon d'Inde Rex, une race à poils courts et ondulés. Les boucles du texel sont transmises par un gène récessif.

▶ **Variantes:** Un texel avec une rosette sur le front est appelé merino. Les alpagas sont également des cochons d'Inde à poils longs et bouclés qui, à l'image du Péruvien, possède des rosettes et une mèche retombant sur le museau. Les vibrisses sont ondulées, ce qui nuit à la précision de leur sens tactile.

Cochons d'Inde à poils longs

▶ **Le coronet** est issu du croisement d'un shelty et d'un couronné. Le shelty est un cochon d'Inde à poils longs sans rosettes. Les poils lisses et doux forment une sorte de traîne partant vers l'arrière du corps et retombant de chaque côté.

▶ **Congénères à poils longs:** Les cochons d'Inde angoras sont des animaux à poils longs. Si l'animal présente une rosette sur le corps et une autre sur la tête, à partir de laquelle part une mèche qui retombe sur le museau, il s'agit d'un Péruvien. Comme chez le shelty, le reste des poils part vers l'arrière et retombe de chaque côté.

Portraits

Le choix du partenaire

Quiconque a déjà élevé des cochons d'Inde avec des congénères admettra qu'il ne pourra jamais remplacer le partenaire de cet animal si social. Pour instaurer une harmonie durable parmi les animaux, il faut, dès le départ, accorder une grande importance à la stabilité du partenariat.

Si vous élevez au moins deux cochons d'Inde, vous aurez l'occasion d'observer leur comportement naturel. Deux ou trois animaux (voire plus) deviennent confiants si vous vous en occupez souvent. Si les cochons d'Inde sont nombreux, ils préféreront parfois rester entre eux.

CHOISIR LE BON PARTENAIRE

La composition d'un groupe de cochons d'Inde doit être réfléchie.

▶ **Un couple cherchera rapidement à se reproduire.** Au départ, vous avez deux animaux et, assez rapidement, vous pouvez vous retrouver avec une dizaine de cochons d'Inde. Si vous souhaitez vous lancer dans l'élevage, un mâle et quelques femelles suffiront.

▶ **Si vous ne souhaitez pas que vos animaux se reproduisent,** la meilleure solution consiste à choisir un mâle castré avec au moins une femelle ou un groupe exclusivement composé de femelles. Dans un tel groupe, plusieurs mâles castrés pourraient se battre violemment, même s'ils disposent d'un grand espace et si chaque mâle possède son propre « harem ». Les animaux qui veulent en découdre se menacent en claquant des dents. En cas de combat, ils pourraient se blesser.

▶ **Deux mâles (ou plus) dans un même groupe** peuvent uniquement rester ensemble si aucune femelle n'est à proximité. Malgré tout, cela n'empêche pas le déclenchement soudain de combats, même si les mâles cohabitent depuis longtemps. Vous devez alors les

> → **Les cochons d'Inde peuvent-ils vivre avec vous ?**

Les cochons d'Inde ne sont pas des animaux qui se caressent comme un chien. Ils ne sont pas non plus des jouets pour les enfants.

Ces rongeurs ont une espérance de vie d'environ 8 ans. Pendant cette période, vous en êtes responsable.

Les cochons d'Inde ne sont pas forcément sages comme des images et peuvent ronger les meubles.

N'oubliez pas de prendre vos dispositions lorsque vous partez en vacances.

L'un des membres de votre famille est-il allergique aux poils d'animaux ou à la poussière ?

Les dépenses ne se limitent pas à l'acquisition de l'animal et du matériel. Vous devez prévoir la nourriture et les (éventuels) frais vétérinaires.

Animaux sociables, les cochons d'Inde se sentent parfaitement à l'aise avec leurs congénères, dont la présence leur donne un sentiment de sécurité.

séparer et trouver un autre partenaire.

UNE QUESTION D'ÂGE

Souvent, les animaux jeunes s'habituent plus vite à l'homme, ce qui permet d'évaluer un peu plus précisément leur âge. Lorsqu'ils vous sont confiés, les cochons d'Inde doivent être au minimum âgés de 6 semaines. Naturellement, même des adultes peuvent être apprivoisés, mais cela vous demandera un peu plus de patience et de temps. En règle générale, il est assez difficile de deviner l'âge d'un cochon d'Inde, notamment pour un adulte.

UN COCHON D'INDE NORMAL OU DE RACE ?

Le choix d'un cochon d'Inde normal ou de race (avec peut-être un certificat de pedigree) est une question de goût personnel. Les animaux de race présentent un corps trapu. Sur le plan de l'apparence, les cochons d'Inde normaux n'ont rien à envier à leurs congénères de race, du fait de la grande diversité de couleurs et des types de poils. En outre, les cochons d'Inde normaux sont en règle générale moins prédisposés aux problèmes de santé liés aux races.

EN CAS DE NAISSANCES IMPRÉVUES…

Il arrive parfois que l'on achète sans le savoir une femelle gravide, même si les mâles sont séparés des femelles dans les animaleries. Des frères et des sœurs peuvent être restés trop longtemps ensemble avant d'être séparés et se sont reproduits.

À SAVOIR
➜ Une équipe idéale

Dans les refuges, on trouve souvent de beaux cochons d'Inde de toutes les couleurs et de tout âge.
La plupart du temps, les mâles sont castrés.
Vous y trouverez sûrement des animaux qui s'entendent bien.

Choix du partenaire

BIEN CHOISIR
son cochon d'Inde

Les cochons d'Inde ont une espérance de vie de 8 à 10 ans. Plus vous choisirez vos nouveaux compagnons soigneusement, plus vous apprécierez la compagnie de ces petits rongeurs plein d'entrain.

Avant de choisir vos futurs pensionnaires, prenez le temps de les observer dans leur enclos. Ne vous laissez pas influencer par le vendeur. Il est déconseillé d'acheter un animal issu d'un groupe dont un membre vous semble malade.

PLEIN D'ENTRAIN

Des cochons d'Inde en bonne santé parcourent activement leur enclos ou s'installent à leur place habituelle. Des animaux qui restent prostrés ou recroquevillés doivent vous alerter. Il faut également être attentif aux excréments dans la litière.

De forme oblongue, leurs contours doivent être clairement définis. Des excréments étalés, collés ou la présence de souillures près de l'anus sont un signe de diarrhée. Si le pelage est hérissé et terne ou si vous découvrez, sous un pelage apparemment normal, des pellicules, des croûtes ou si

BIEN NOURRI

Demandez à pouvoir toucher les cochons d'Inde que vous souhaitez acheter. Un simple contact permet en effet de savoir si l'animal est bien nourri. Si le cochon d'Inde est très maigre, vous sentirez ses vertèbres et ses côtes. Cela peut être la conséquence d'une alimentation insuffisante ou d'une maladie. Au contraire, si l'animal est trop gros, vous sentirez nettement une couche de graisse. Il sera susceptible de connaître des problèmes cardiaques et hépatiques. Cette situation peut se produire chez les juvéniles et les jeunes adultes. Dans tous les cas, vous devez renoncer à l'achat.

la peau est visible à certains endroits, vous devez en déduire que l'animal souffre de carences, d'une infestation de parasites ou de champignons (notamment si les zones sans poils sont en forme de cercle, voir page 50). Cependant, certaines zones du corps du cochon d'Inde sont naturellement dépourvues de poils : il s'agit du dessous des pattes, d'une petite zone à l'intérieur des pattes avant et d'une autre derrière les oreilles.

HÉBERGEMENT

Achetez uniquement vos cochons d'Inde si les conditions d'élevage sont irréprochables. Les rongeurs doivent disposer d'un grand espace et de plusieurs cachettes dans leur enclos. Ils ne doivent jamais partager leur enclos avec d'autres espèces de rongeurs. Les animaux et l'enclos doivent donner une impression de propreté. Si les cochons d'Inde sont élevés dans de bonnes conditions d'hygiène, l'enclos ne doit pas dégager d'odeurs fortes. Point essentiel : les mâles doivent être séparés des femelles.

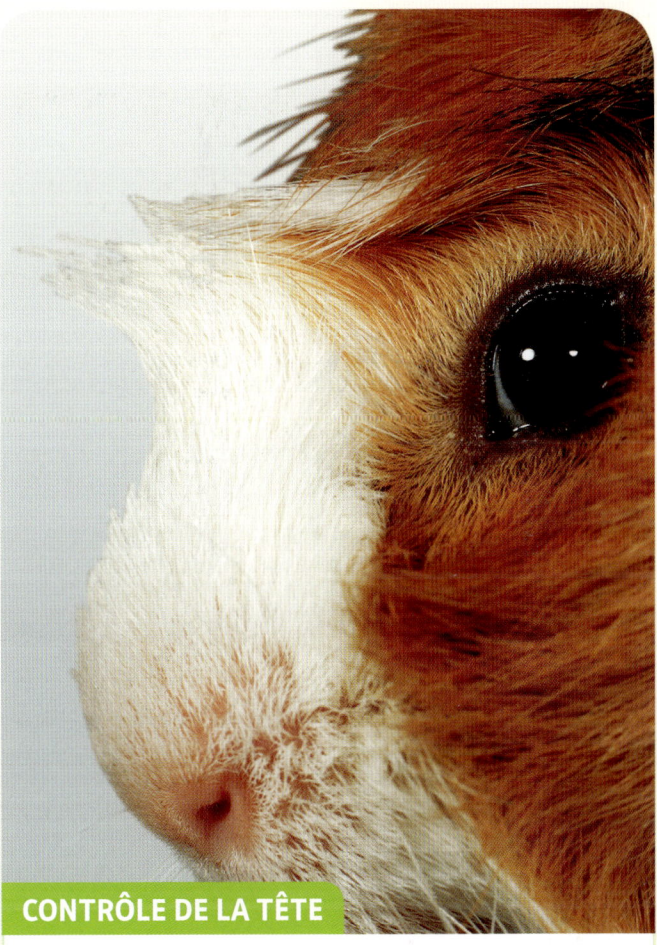

CONTRÔLE DE LA TÊTE

Un cochon d'Inde en bonne santé a des yeux brillants légèrement humides. Des yeux creux, secs, collés et larmoyants, un écoulement et des croûtes indiquent un grave problème de santé. En outre, le nez ne doit pas être bouché. Ouvrez doucement la bouche de l'animal avec le pouce et l'index. Si vous êtes droitier, redressez l'animal, puis ouvrez-lui la bouche avec le pouce et l'index droits, tout en lui soutenant la nuque. La main gauche soutient le bassin et les pattes arrière. Lorsque les deux incisives de la mâchoire supérieure et celles de la mâchoire inférieure se touchent, les dents sont bien positionnées et s'usent correctement.

Bien choisir

Un tandem de choc

L'habitat de vos protégés

Les cochons d'Inde doivent vivre dans un grand enclos afin de pouvoir vaquer à leurs occupations. Vous disposerez ainsi de l'espace nécessaire pour y placer des accessoires et agrémenter agréablement leur quotidien.

Pour deux animaux, l'enclos doit mesurer au minimum 1,20 m de longueur, 60 cm de largeur et 50 cm de hauteur. Si l'enclos abrite uniquement des mâles, vous devez prévoir un demi-mètre carré supplémentaire par animal (page 32).

VARIANTES

En matière d'hébergement, vous avez le choix entre différentes options.

▶ **De nombreux modèles de cages** sont disponibles dans les animaleries. Il ne vous reste plus qu'à l'aménager.

▶ **Des étagères en métal**

d'une surface appropriée forment une tour pour cochons d'Inde. Les différents niveaux seront reliés à l'aide de petites échelles en bois, semblables à celles que l'on trouve dans les poulaillers. La hauteur idéale entre les étages est de 60 cm. Un cadre en plexiglas, d'une hauteur minimale de 30 cm, sera fixé au bord des étagères.

▶ **Vous pouvez également réserver le coin d'une pièce de votre logement** à vos petits pensionnaires. Ils auront ainsi beaucoup de place. Vous devez prévoir un plancher en bois, sous lequel vous aurez placé une plaque de métal. Délimitez le coin à l'aide d'un grillage adapté aux rongeurs, que vous fixerez sur un cadre en bois. Afin de limiter la dispersion de la litière, placez également une bordure en plexiglas d'environ 20 cm de hauteur à côté du grillage.

▶ **Veillez à ce qu'aucun clou,**

Les cochons d'Inde apprécient des cabanes à plusieurs niveaux. Ils peuvent s'y réfugier et y ont une bonne vue d'ensemble de leur environnement.

vis ou fil de fer ne dépasse si vous construisez vous-même le logement de vos animaux.

EMPLACEMENT

Il est essentiel au bien-être des cochons d'Inde.

▶ **L'air ambiant** doit être de bonne qualité. Les courants d'air, les odeurs de cuisine, de peinture, de cigarettes et autres émanations leur sont néfastes. De même, l'atmosphère ne doit pas être chargée en poussière.

▶ **La température ambiante** doit se situer dans l'idéal entre 18 et 22 °C et le taux d'humidité doit être compris entre 40 et 70 %. Près d'un radiateur, l'air est souvent trop sec, ce qui peut

Cet enclos permet aux animaux de séjourner temporairement dans un jardin. Il ne faut pas leur mettre de harnais car ils paniqueraient facilement.

> ### À SAVOIR
> ### ➜ Un entretien plus facile
>
> Si le bac de la cage a des bords élevés, la litière ne sort pas de la cage, ce qui vous évite de passer l'aspirateur trop souvent. De grandes portes facilitent le retrait des animaux et le nettoyage de la cage. Les décorations embellissent la cage, mais compliquent le nettoyage.

provoquer des affections des voies aériennes supérieures puis des poumons. N'oubliez pas que la température ambiante peut être différente de la température au sol. C'est pourquoi les ouvrages spécialisés mentionnent une température au sol de 24 à 26 °C. Vous devez faire particulièrement attention à la température en présence de nouveau-nés. Vous devez la mesurer au niveau du sol de la cage et non au niveau du sol de la pièce. Si possible, posez la cage sur une table ou une commode.

▶ **La cage** ne doit pas être exposée directement au soleil.

▶ **Veillez à ne pas placer la cage à proximité d'une télévision,** de haut-parleurs, etc., car l'environnement serait trop bruyant pour les animaux.

▶ Les cochons d'Inde ne doivent pas être importunés par **d'autres animaux.**

VOIR VIDÉO
Le logement du cochon d'Inde

L'habitat

Les accessoires

Si vous équipez la cage avec des accessoires divertissants, vous inciterez les cochons d'Inde à développer les talents qui sommeillent en eux.

LITIÈRE

Il est recommandé de placer dans le bac de la cage plusieurs centimètres de papier journal (noir et blanc) afin de bien absorber l'humidité. Placez ensuite une couche de plusieurs centimètres de copeaux exempts de poussière. De la litière pour rongeurs, disponible en animalerie, fera l'affaire. N'utilisez pas de tourbe sèche car elle produit beaucoup de poussière et peut provoquer des affections des voies respiratoires. Pour terminer, mettez une bonne couche de paille. Essentiel, ce rembourrage moelleux se révèle très utile, car il empêche que la litière s'échappe trop rapidement de la cage. Le pelage des cochons d'Inde à poils longs s'emmêle moins vite. En outre, la paille laisse passer rapidement les excréments et l'urine vers le sol, si bien que la surface de la litière et les animaux restent au propre et au sec.

MANGEOIRE ET ABREUVOIR

Vous devez choisir un modèle stable et facile à laver. Vous opterez donc pour une mangeoire en terre émaillée, en grès, en porcelaine ou un bol en verre. L'abreuvoir doit être en verre ou en plastique et doté d'une soupape à bille empêchant l'eau de s'écouler. Un « abreuvoir biberon » est un bon choix. Dans l'idéal, choisissez un modèle avec un tuyau en métal. Ce système de biberon est plus pratique et plus hygiénique qu'un bol rempli d'eau. Si vous ne voulez pas de ce type d'abreuvoir, placez le bol sur une petite cabane plate

---

➜ Aménager une aire de jeux

Les cochons d'Inde s'occupent beaucoup entre eux, mais un aménagement judicieux de leur habitat leur donnera également l'occasion de passer le temps.

Des tanières, des passerelles et des bascules en terre, en bois, en liège, des racines ou des cartons les divertiront.

Vous pouvez également construire vous-même des accessoires intéressants, comme des petites marches, un escalier ou des tubes.

Vous trouverez de nombreux accessoires dans les animaleries. N'hésitez pas à visiter les rayons d'un magasin de bricolage pour dénicher d'autres idées.

Avant de faire votre choix, n'oubliez pas que vous devrez nettoyer régulièrement les accessoires. Leur nettoyage doit donc être facile.

Les dépenses ne se limitent pas à l'acquisition de l'animal et du matériel. Vous devez prévoir la nourriture et les (éventuels) frais vétérinaires.

Proposez plusieurs abris aux cochons d'Inde : cela évite les querelles.

ou une dalle en pierre afin que son contenu ne soit pas souillé par la litière.

RÂTELIER

Le râtelier est important pour des animaux en pleine santé car c'est là que vous mettrez le foin, qui restera au propre. Cet aliment est essentiel. Vous pouvez également placer du fourrage vert frais dans le râtelier, qui doit toujours être fermé par un couvercle oblique massif. Si la pente du couvercle est trop douce, les cochons d'Inde peuvent grimper dessus, le salir et éventuellement souiller la nourriture. En l'absence de couvercle, les animaux pourraient se blesser en entrant et en ressortant du râtelier et salir son contenu. De grands râteliers en métal ou en plastique, fixés de l'extérieur au grillage, sont pratiques. Vous pouvez les remplir de l'extérieur et les animaux ne peuvent pas y grimper.

CACHETTES

Les cochons d'Inde ont besoin de cachettes. Dans l'idéal, un abri comportera au minimum deux issues. Vous trouverez ces accessoires en animalerie. Faites attention aux dimensions du refuge, qui doit être assez grand pour accueillir tous les membres d'un groupe ou, si vous élevez un grand groupe de cochons d'Inde, tous les membres d'une famille. Dans le cas contraire, des conflits peuvent se produire. Les cochons d'Inde aiment avoir une vue d'ensemble de leur environnement. Choisissez des refuges surmontés d'un toit plat. Les portes et fenêtres doivent être suffisamment grandes pour que même l'animal le plus gros ne puisse pas se retrouver coincé. Le modèle le plus pratique et le plus facile à nettoyer est une « maisonnette » dépourvue de sol. Les cochons d'Inde se cacheront également volontiers sous des étagères en bois reliées par un escalier. Vous augmentez ainsi la superficie de la cage.

En plein air

De plus en plus de propriétaires de cochons d'Inde souhaitent leur offrir des conditions de vie se rapprochant le plus possible des conditions naturelles. L'élevage en plein air est alors une bonne solution qui permet de voir évoluer de grands groupes d'animaux, tout en respectant leur rythme de vie biologique.

SOYEZ BIEN PRÉPARÉ

En été, l'hébergement à l'extérieur ne pose aucun problème. Toutefois, si vous souhaitez laisser vos animaux dehors en hiver sans chauffage, ils doivent commencer à séjourner à l'extérieur au début du printemps ou de l'été afin qu'ils puissent s'habituer très tôt à la baisse des températures en automne. Si ces conditions sont réunies, les cochons d'Inde peuvent supporter temporairement des températures jusqu'à – 10 °C et rester toute l'année à l'extérieur dans un clapier. En effet, si les animaux ont séjourné dans une pièce chauffée et si vous les placez trop tôt sur le sol froid par une belle journée de printemps, ils peuvent en mourir. Si vous souhaitez que vos animaux restent dehors toute l'année, vous devez vous assurer qu'ils disposent d'une litière suffisamment épaisse dans laquelle ils pourront se blottir en cas de baisse de température.

▸ **Les cochons d'Inde élevés à l'extérieur** peuvent être un peu plus timides, mais cela sera compensé par l'épanouissement de leur comportement naturel, dont vous pourrez observer toutes les facettes, car les animaux peuvent vivre comme bon leur semble.

▸ **Ce mode d'élevage** proche de la nature peut favoriser les infestations de parasites. Pour les prévenir, vous devez déplacer régulièrement l'enclos et l'abri des cochons d'Inde. Si cela n'est pas possible (parce que la clôture de l'enclos est enfoncée dans le sol), il est impératif de retirer régulièrement la couche superficielle du sol et de la remplacer par du sable doux.

Assurez-vous qu'aucune plante toxique ne se trouve dans l'enclos en plein air. Certains cochons d'Inde pourraient les manger.

Avec des cartons, aménagez une aire de jeux pour une famille, même si les cochons d'Inde ne restent que temporairement à l'extérieur.

CONDITIONS REQUISES

Les cochons d'Inde à poils courts ou à rosettes peuvent être placés dans un enclos en plein air. Les animaux à poils longs se salissent et se mouillent beaucoup plus facilement.

▸ **L'élevage de cochons d'Inde** en plein air suppose qu'ils soient élevés en groupe, pour se réchauffer mutuellement. Cette condition est évidemment essentielle lorsqu'il fait froid.

▸ **Pour des raisons de sécurité,** l'enclos doit être entouré d'un grillage stable, y compris sur le sommet. Ainsi, les chats et autres prédateurs (martres, renards, belettes et rapaces) ne pourront pas attaquer vos cochons d'Inde.

▸ **Un abri est indispensable.** Il doit être bien isolé et bien matelassé avec de la paille. Ses parois se composeront de deux plaques de bois entre lesquelles se trouve une plaque de polystyrène expansé. Les planches doivent comporter des joints (à rainures et languettes) pour bloquer les courants d'air. Un revêtement en carton bitumé ou en tôle ondulée, auquel les animaux ne pourront pas accéder et qu'ils ne pourront pas ronger, est également nécessaire pour protéger le refuge des intempéries. Dans l'idéal, l'espace de vie et le refuge des cochons d'Inde seront contigus. La porte du refuge pourra être dotée d'un

À SAVOIR

➔ **L'extérieur : pas pour tous les cochons d'Inde**

Séjourner à l'extérieur est bon pour la santé des cochons d'Inde. Néanmoins, des animaux vieux ou malades ne pourront rester que quelques heures dehors, en été. Assurez-vous chaque jour de la bonne santé de vos animaux (page 48).

verrou facile à actionner pour que les animaux ne sortent pas en cas de mauvais temps.

▸ **Le refuge devra être aménagé** comme une cage et sera monté sur des pieds afin de le préserver de l'humidité du sol.

En plein air

Devenir l'ami de ses cochons d'Inde

Pour que votre cochon d'Inde s'acclimate rapidement à son nouveau domicile, suivez les quelques conseils qui suivent.

Avant d'aller chercher vos cochons d'Inde, munissez-vous d'une boîte de transport adaptée. Un modèle en bois ou en plastique fera l'affaire. Cet investissement sera rentable, car vous aurez besoin de cette boîte pour emmener les animaux chez le vétérinaire ou en vacances. Garnissez la boîte de litière pour rongeurs, de paille et de foin. En cas de long trajet, prévoyez des rondelles de concombre et de carotte. Vérifiez que les animaux peuvent respirer facilement, mais n'exposez pas la boîte aux courants d'air, au froid, au soleil ou à la chaleur.

PHASE D'ORIENTATION

Placez sans attendre les cochons d'Inde dans leur cage aménagée, puis laissez-les seuls pendant un certain temps. Au début, ils vont vraisemblablement se terrer dans un coin et se cacher sous la paille ou le foin. Ce comportement est tout à fait normal lorsque l'animal se trouve dans un environnement auquel il n'est pas habitué. Lorsque les cochons d'Inde ne se sentiront pas observés, ils partiront à la découverte de leur nouvelle maison. Même si cela vous semble difficile, vous ne devez pas encore essayer de les prendre, car

Lorsque vous portez un cochon d'Inde, vous pouvez le caler contre votre poitrine et le soutenir avec vos mains.

➜ Et avec les enfants ?

Les cochons d'Inde sont souvent les premiers animaux domestiques des enfants. Ce sont des compagnons sans risque car ils ne mordent pas. **À partir de 5 ans environ,** les enfants peuvent s'occuper des cochons d'Inde avec leurs parents. **Il est important que les enfants apprennent à se comporter correctement avec eux** et connaissent les aliments que les animaux peuvent manger. Il convient d'être attentif, car les cochons d'Inde ne montrent pas leur souffrance.

Une rondelle de concombre peut être le début d'une longue amitié. La nourriture permet de s'attirer les faveurs de l'animal.

ils se débattront pour s'échapper. Rappelez-vous que les cochons d'Inde sont des animaux timides. De même, ne faites pas de geste brusque au-dessus de leur tête car leur instinct leur commandera de fuir.

▶ **Parlez doucement à vos animaux** pour les habituer au son de votre voix. S'ils sont alertes lorsque vous les ramenez chez vous, vous pouvez leur proposer une rondelle de concombre pour les amadouer.

▶ **Les petits casse-cou**

accepteront la friandise, alors que les animaux plus peureux retourneront peut-être dans leur cachette et mettront un peu de temps avant de revenir, appâtés par la friandise. Ne soyez pas déçu, tôt ou tard, les animaux les plus réservés ne pourront plus résister à la vue de délicieuses friandises.

▶ **Bientôt,** lorsque vous aurez gagné leur confiance et que les cochons d'Inde vous entendront arriver, ils se redresseront en s'appuyant sur la cage, par

exemple. Ils apprendront à reconnaître les personnes qui les nourrissent régulièrement. Vous vous en apercevrez lorsqu'ils pousseront de petits cris à votre approche, ce qui signifie : « Je veux manger ! ». Certains animaux se montreront très tenaces. Néanmoins, vous devez vous retenir de leur donner trop souvent des friandises très nourrissantes. De la verdure ou un morceau de concombre seront aussi délicieux et bons pour leur santé.

Devenir amis

Pour bien cohabiter

Une fois que vous avez noué les premiers liens d'amitié avec
les cochons d'Inde, vous devez renforcer la relation qui vous unit.
Pour ce faire, vous devrez tenir compte de quelques points.

BIEN PORTER
UN COCHON D'INDE

Les cochons d'Inde sont
des animaux prudents.
S'ils ne sont pas suffisamment habitués au contact
humain, ils se laisseront
attraper à contrecœur.
En règle générale, si vous
essayez de les attraper
par au-dessus, ils s'échap-
peront. Cette réaction est
instinctive et trouve son
origine dans le comporte-
ment de leurs ancêtres,
exposés aux attaques des
rapaces.

▶ **La meilleure solution**
consiste à saisir l'animal
derrière les pattes anté-
rieures. Si vous êtes droitier,
placez le pouce à gauche et
les autres doigts à droite, de
part et d'autre du dos, la
paume de la main couvrant
la nuque et le haut du dos.

L'autre main vient se placer
sous la poitrine et l'es-
tomac. Les enfants pourront
caler l'animal doucement
contre leur poitrine.

▶ **Lorsque vous vous êtes
saisi de l'animal,** votre prise
doit être à la fois ferme afin
que l'animal ne puisse pas
bondir soudainement, sans
toutefois tomber dans
l'excès, pour ne pas le
blesser.

*À l'image de ce cochon d'Inde, vos animaux deviendront confiants
si vous faites preuve de patience et de compréhension. Ne les forcez pas.*

Ce cochon d'Inde est porté en toute sécurité. Il est complètement détendu et regarde sereinement autour de lui.

ATTRAPER UN COCHON D'INDE

Le cochon d'Inde est un animal agile. Lorsqu'il est en liberté dans une pièce, il peut disparaître très vite sous un meuble. Souvent, il faut faire preuve de patience et attendre qu'il réapparaisse. Vous pouvez essayer d'attraper l'animal avec une épuisette, mais, à la prochaine tentative, le cochon d'Inde le sentira et sera encore plus prudent. Essayez plutôt de l'attirer avec une friandise ou de le sortir lentement de sa cachette à l'aide d'un morceau de carton rigide.

▸ **Dans votre jardin ou en plein air,** les cochons d'Inde, même apprivoisés, ne doivent pas sortir des limites de leur enclos. Ils peuvent en effet courir à une vitesse insoupçonnée, disparaître dans un buisson ou des herbes hautes et être très difficiles à retrouver, en dépit des couleurs éclatantes de leur pelage. À l'extérieur, ils peuvent, et ce dès la première nuit, être victimes d'un chat, d'un renard, de rapaces et autres prédateurs.

PENDANT LES VACANCES

Vos cochons d'Inde ne sont pas des globe-trotters. Pendant vos vacances, il est préférable de les confier à une personne fiable. Prenez vos dispositions suffisamment à l'avance.

▸ **Avant votre départ,** nettoyez la cage à fond. Laissez à la personne chargée de leur surveillance (que vous pourrez rencontrer pour en discuter) les indications concernant la nourriture et les soins, les coordonnées de votre vétérinaire et votre numéro de téléphone. Assurez-vous que les réserves de nourriture (non périssable), de litière et de foin sont suffisantes.

▸ **Si vous ne trouvez personne,** adressez-vous à une pension pour animaux ou à une animalerie proposant un service de garde. N'emmenez les animaux avec vous que pour les longs séjours.

▸ **Si vous partez à l'étranger,** renseignez-vous sur les conditions d'entrée du pays.

VOIR VIDÉO
Partir en
vacances

Pour bien cohabiter

Comprendre les cochons d'Inde

Les cochons d'Inde utilisent un système de communication complexe fondé sur le langage corporel, les sons et les odeurs. Lorsque vous aurez compris la signification de certains gestes et bruits, vous comprendrez mieux vos petits pensionnaires et pourrez répondre à leurs besoins.

COMPORTEMENT

Deux traits de caractère fondent le comportement des cochons d'Inde : ce sont des animaux chassés par leurs prédateurs dans la nature et qui vivent en groupe.

▶ **En dehors des combats,** parfois très violents, entre mâles adultes qui visent à établir une hiérarchie (page 14), les cochons d'Inde n'ont jamais recours à une quelconque forme d'agression. On observe très rarement des querelles ou des formes de jalousie. En outre, face à un prédateur, les cochons d'Inde ne savent pas se défendre. Lorsqu'ils se sentent menacés, ils se terrent dans une cachette ou fuient. Gardez bien à l'esprit qu'ils sont facilement effrayés s'ils sont confrontés à une situation inhabituelle.

▶ **Un cri de peur** est le signal de la retraite. Si un cochon d'Inde est bousculé par l'un de ses congénères, tous les animaux s'échappent en file indienne le long d'un mur ou d'une saillie. C'est ainsi qu'ils se protègent de leurs prédateurs dans la nature.

▶ **Les juvéniles** ont beaucoup à apprendre pour connaître les règles du groupe et s'y intégrer. Par conséquent, les animaux qui, très jeunes, ont été séparés de leurs congénères et ont vécu seuls, rencontrent des problèmes de communication et ont du mal à trouver leur place au sein de la hiérarchie.

➡ Le langage du cochon d'Inde

Des bruits ressemblant à des marmonnements indiquent que l'animal est content.

Le roucoulement indique une prise de contact, mais également le début d'une relation de couple, surtout lorsqu'il est produit par les mâles.

Des claquements de dents, les pattes et le corps souvent dressés, annoncent l'imminence d'un combat visant à établir une hiérarchie. L'animal cherche à impressionner son adversaire.

Des trilles graves indiquent une attitude menaçante ou une parade nuptiale.

Des couinements autoritaires montrent qu'il veut manger.

De petits cris stridents sont l'expression de la peur, de la douleur ou un avertissement.

Les juvéniles ont beaucoup de choses à apprendre pour comprendre toutes les subtilités hiérarchiques au sein de leur groupe.

LE LANGAGE DU CORPS

Voici quelques caractéristiques du langage corporel de vos petits protégés.

▸ **Un animal reniflant** le nez et l'anus d'un congénère indique une prise de contact. Il vérifie également que le congénère appartient bien au groupe.

▸ **Des cabrioles** et l'excitation indiquent que l'animal se sent bien.

▸ **Une démarche dansante** fait partie de la parade auprès d'une femelle. Elle s'accompagne le plus souvent de trilles graves.

▸ **Une démarche agitée,** pattes tendues, trahit une attitude menaçante, que l'on observe fréquemment à l'occasion de combats hiérarchiques.

▸ **Les jets d'urine** sont une réaction de défense que l'on rencontre par exemple lorsqu'une femelle est harcelée par un mâle. L'animal soulève le bassin, si bien que le jet a parfois une très grande portée. N'oubliez pas ce point lorsque vous soulevez un cochon d'Inde, notamment s'il est effrayé.

▸ **Si l'animal reste immobile,** cela signifie qu'il est pétrifié de peur.

▸ **Si l'animal relève la tête,** par exemple lorsque vous lui caressez le menton, il montre qu'il en a assez ou

À SAVOIR
→ À la queue leu leu...

Lorsque les cochons d'Inde fuient, la troupe se déplace souvent en file indienne, avec une « avant-garde », une « arrière-garde » et, le cas échéant, les juvéniles au centre.

qu'il cherche à menacer un congénère.

▸ **La monte** d'un congénère est un comportement sexuel caractéristique. Dans de rares cas, il s'agit d'un signe de domination chez des animaux de même sexe.

Comprendre

La socialisation

Animaux sociables, les cochons d'Inde ont impérativement besoin du contact avec leurs congénères, que l'homme ou d'autres animaux ne peuvent pas remplacer. Vous devrez parfois faire preuve de beaucoup de patience, notamment si vous souhaitez faire cohabiter deux mâles.

Lorsque vous souhaitez faire cohabiter un nouveau cochon d'Inde avec les animaux que vous possédez déjà, le nouvel arrivant doit être mis en quarantaine pendant une semaine, dans une autre pièce et dans une autre cage. Ainsi, vous empêchez qu'il ne contamine les autres animaux en cas de maladie. Ce temps n'est pas perdu pour autant, car vous pouvez le mettre à profit pour apprendre à connaître votre cochon d'Inde, en toute tranquillité. Lorsque le temps est venu et si le nouvel animal est en bonne santé, il peut faire connaissance avec ses compagnons.

PROGRAMME DE SOCIALISATION

Pour habituer les animaux les uns aux autres, procédez comme indiqué dans les paragraphes ci-après.

▸ **Nettoyez la cage et les** **accessoires** à fond et réaménagez le cadre de vie des cochons d'Inde. Ainsi, ils auront l'impression d'être en territoire neutre. Si vous pensez que des problèmes peuvent se produire, utilisez une nouvelle cage à l'odeur neutre, inconnue de tous les animaux.

▸ **Retirez tous les refuges** afin que les cochons d'Inde déjà présents n'empêchent pas le nouvel arrivant d'y accéder.

▸ **Distribuez une grande ration de nourriture** pour que tous les animaux puissent manger sans rivalité.

▸ **Observez les animaux,** toute la journée si possible. Ils vont mettre en place une nouvelle hiérarchie. Ce processus s'accompagnera de reniflements, de petits cris, éventuellement de marmonnements, de claquements de dents, de manœuvres d'encerclement mutuel, de jets d'urine, de monte d'un

Ces deux cochons d'Inde se sont liés d'amitié. Ils peuvent désormais vivre des aventures passionnantes ensemble.

congénère. Les animaux peuvent également chercher à s'attraper. S'ils se calment après quelques jours, replacez les refuges dans la cage.

▸ **N'intervenez pas tant que le sang ne coule pas.** Vous devez uniquement agir en cas de bagarre sérieuse et séparer le nouveau pensionnaire de ses congénères à l'aide d'une grille. Les cochons d'Inde se rencontreront uniquement lorsque vous les mettrez en liberté. Si les animaux semblent disposés à faire la paix, vous pouvez les remettre ensemble, sans relâcher votre surveillance.

▸ **Si vous ne parvenez pas à rétablir le calme,** considérez que les animaux ne peuvent pas se supporter. Il faut vous résoudre à les séparer. La cohabitation se passera peut-être mieux avec d'autres partenaires.

Un reniflement prudent est un signe classique de prise de contact. L'animal en profite pour évaluer son congénère.

AUTRES ANIMAUX

▸ **Face à un chien** auquel ils sont habitués, les cochons d'Inde ne prendront pas la fuite, à condition que le chien se tienne bien. Ne laissez jamais un cochon d'Inde seul avec un chien, car ce dernier a un instinct de chasseur…

▸ **Un chat** considérera toujours un cochon d'Inde comme une proie. Il effrayera les rongeurs en sautant sur la cage et en essayant de les attraper à travers le grillage.

▸ **Les cochons d'Inde ne doivent pas cohabiter avec d'autres rongeurs** : ils souffriraient beaucoup de ce partenariat contre-nature. Il est possible de les faire cohabiter avec des lapins si on leur offre suffisamment d'espace et de sorties. Cependant, pendant la période des amours, les lapins mâles sont enclins à monter sur les cochons d'Inde et les femelles dominantes à les tourmenter. Il faut alors interrompre la cohabitation.

VOIR VIDÉO
La socialisation

Socialisation

L'alimentation

L'alimentation est l'un des paramètres essentiels à la santé des cochons d'Inde. Elle devra surtout comporter des aliments frais pour couvrir les besoins élevés en vitamines des cochons d'Inde.

Les cochons d'Inde sauvages se nourrissent principalement **d'herbes fraîches et sèches et de végétaux très riches en fibres**, relativement pauvres en substances nutritives. C'est pourquoi les cochons d'Inde possèdent un intestin très long par rapport à leur taille. L'alimentation que vous leur offrirez devra donc être riche en fibres et pauvre en glucides hautement digestibles. Ce type d'alimentation suppose également que l'animal mange très souvent dans la journée, à chaque fois en petites quantités.

UNE ALIMENTATION ADAPTÉE

La digestion se déroule principalement dans le cæcum (début du gros intestin). Certaines bactéries interviennent lors de ce processus. Leur action est cruciale car elles apportent au cochon d'Inde des protéines et des vitamines. Elles sont indispensables pour digérer les aliments riches en fibres. Dans le cæcum, ces bactéries produisent différentes vitamines du groupe B et de la vitamine K, qui est, entre autres, nécessaire à la coagulation sanguine. Afin que les cochons d'Inde puissent profiter de ces protéines et vitamines essentielles, ces dernières sont d'abord éliminées sous la forme de crottes molles appelées « cæcotrophes ». De par leur couleur, leur consistance et leur composition, ces crottes sont différentes des excréments normaux. En effet,

Du foin à volonté: indispensable au cochon d'Inde pour rester en bonne santé.

Peu de temps après la naissance, les jeunes cochons d'Inde mangent des aliments solides en plus du lait maternel.

les cæcotrophes sont plus molles, de couleur brun clair et recouverts d'une sorte de mucus brillant. Généralement, l'animal les ingère dès leur sortie de l'anus. Il courbe alors le dos. Pendant les premiers jours de leur vie, les juvéniles doivent manger ces excréments pour vivre. Ils consommeront donc les cæcotrophes de leurs congénères. L'ingestion de ces crottes est non seulement un comportement normal, mais également vital. S'ils ne les ingèrent pas pendant deux à trois semaines, ils meurent.

UNE MAUVAISE ALIMENTATION À L'ORIGINE DE MALADIES

Si l'alimentation du cochon d'Inde est pauvre en fibres, donc trop tendre, l'animal ne la mâchera pas suffisamment, sa salive ne l'imprégnera pas assez, ce qui peut entraîner, entre autres, des problèmes dentaires. Pour son estomac, il est également fondamental de lui donner des aliments riches en fibres. Seuls des mouvements intestinaux suffisamment puissants permettront le transport rapide du bol alimentaire dans les intestins. Si la nourriture est pauvre en fibres et trop riche en glucides essentiels et en protéines, l'animal connaîtra des troubles digestifs. Si l'alimentation est trop riche en substances nutritives et à faible teneur en fibres, l'équilibre acido-basique du cæcum s'inverse et les bactéries importantes pour la digestion sont supplantées par des bactéries nocives comme les colibacilles, les pasteurelles, et, dans le pire des cas, les salmonelles qui, lorsqu'elles sont trop nombreuses, sont à l'origine de maladies ou perturbent considérablement le processus digestif.

VOIR VIDÉO
L'alimentation

L'alimentation

Les aliments frais

Les aliments frais sont indispensables pour que votre animal reste en forme. Voici les règles à connaître et les pièges à éviter

Le cochon d'Inde doit **toujours avoir à disposition du foin** de qualité irréprochable, qu'il pourra manger à sa guise. Le foin ne devra jamais être poussiéreux, humide, moisi ou altéré de quelque manière que ce soit. Après la fauche, il doit être entreposé au minimum six semaines dans une pièce bien aérée avant d'être consommé. Le même principe s'applique aux herbes fraîches que vous aurez fait sécher.

VITAMINES

Les cochons d'Inde font partie des rares mammifères **incapables de synthétiser eux-mêmes la vitamine C**. Par conséquent, ils doivent couvrir leurs besoins en vitamines par le biais de leur alimentation. Chaque jour, un cochon d'Inde a normalement besoin de 16 mg de vitamine C par kilo de poids corporel. En condition de stress, de risque plus élevé d'infection, en cas de maladie ou pendant la gestation des femelles, la dose quotidienne passe à 30 mg.

Des aliments frais, consommés dans le cadre d'un régime équilibré, suffisent généralement à couvrir ces besoins. Néanmoins, en cas de carence, vous devez donner aux animaux un complément. Demandez conseil au vétérinaire sur les produits et la bonne quantité à donner.

DES CRUDITÉS POUR ÊTRE EN BONNE SANTÉ

▸ **En été,** on trouve des graminées et des plantes herbacées de différentes sortes. Naturellement, le fourrage vert devra être issu

de prairies d'une propreté irréprochable : sans aucune déjection canine, trace d'insecticide et de pollution par les gaz d'échappement. Le fourrage mouillé par la rosée ou la pluie ne pose aucun problème. S'il est sale, vous devrez évidemment le laver. Si vous conservez des aliments frais pendant quelques jours, leur teneur en vitamine C décroît considérablement.

▸ **Au début du printemps,** les jeunes pousses, notamment la luzerne, le trèfle rouge ou blanc, sont encore très riches en protéines et

➜ Les aliments frais

Teneur en vitamine C de quelques fruits et légumes (pour 100 g) : persil, 160 mg ; poivron, 110 mg ; pied de fenouil, 93 mg ; chou-fleur, 70 mg ; brocoli, 70 mg ; chou-rave, 59 mg (en petites quantités) ; chou vert (chou provoquant le moins de ballonnements), 54 mg ; épinard, 49 mg ; cresson de fontaine, 48 mg ; chou frisé, 32 mg ; chou chinois, 27 mg ; mâche, 26 mg ; pomme de terre, 12,5 mg ; pomme, 11 mg (attendre qu'elle soit bien mûre) ; betterave rouge, 8 mg ; endive, 9 mg ; chicorée, 7 mg ; concombre, 5 mg ; carotte, 4 mg (en grandes quantités).

Autres végétaux : berce, plantain majeur et lancéolé, salades, herbes (notamment les graminées), fanes de carottes, pissenlits (fleurs comprises), luzerne, feuilles de maïs, feuilles de chou, melon, trèfles rouge et blanc, achillée, mouron des oiseaux.

Le pissenlit, riche en vitamine C, est très bénéfique. Attention au pain sec, qui ne doit pas être moisi et donné avec parcimonie, dans les mêmes proportions que les aliments prêts à l'emploi, et uniquement en complément.

pauvres en fibres. Il ne faut les proposer qu'en petites quantités ; l'idéal consiste à les disséminer dans le foin. Les cochons d'Inde chercheront certainement les petites tiges et feuilles de fourrage vert, mais ces dernières seront consommées plus lentement que sans foin. En dehors de cette saison de ramassage du fourrage, vous pouvez naturellement mettre à disposition des aliments frais achetés dans le commerce (voir tableau ci-contre). Dans la mesure du possible, achetez des produits bio et lavez-les soigneusement avant de les donner.

ALIMENTS PRÊTS À L'EMPLOI

Les granulés de farine d'herbes du commerce sont suffisants. Les céréales, quant à elles, sont bien trop nourrissantes. Chaque jour, un cochon d'Inde doit uniquement absorber 10 à 20 g d'avoine par kilo de poids corporel. Calculez la quantité de nourriture prête à l'emploi dont vos petits compagnons ont besoin chaque jour en fonction de leur poids, et pesez-la, de manière à pouvoir déterminer facilement la ration quotidienne nécessaire par la suite. Vous constaterez ainsi qu'elle est très minime. Les aliments prêts à l'emploi ne doivent jamais constituer la nourriture principale des cochons d'Inde, mais être utilisés uniquement en complément de leur alimentation habituelle, majoritairement composée d'aliments frais et de foin à volonté, et ce toute l'année.

À SAVOIR
→ **Pour se faire les dents…**

Pour distraire vos animaux et pour qu'ils puissent s'user les dents, qui poussent continuellement, proposez-leur des branches fraîches.
Optez pour des branches de pommier, de poirier, de tilleul, de bouleau et de hêtre.

VOIR VIDÉO
L'usure
des dents

Aliments frais

JOUONS
avec la nourriture !

Les cochons d'Inde sauvages passent beaucoup de temps à chercher de la nourriture. Nos petits compagnons doivent également faire quelques efforts pour se nourrir. Cela les occupe et les maintient en forme.

SUR UNE PIQUE...

Placez des morceaux de légumes et de fruits sur des petites branches, puis mettez-les dans une brique. Les cochons d'Inde pourront alors grignoter les morceaux. Vous trouverez également dans les animaleries des supports spécifiques pour les aliments frais, à suspendre dans l'enclos. Vous pouvez également prendre une touffe d'herbes ou du feuillage, l'attacher et suspendre le tout dans l'enclos.

Cachez des friandises dans un rouleau en carton et bouchez les extrémités avec du foin. Pour exercer l'animal, enveloppez la nourriture dans une feuille d'essuie-tout blanc. De temps en temps, variez l'exercice : ne mettez pas la nourriture dans une écuelle, mais dispersez-la dans l'enclos et sur les étagères, ce qui occupera les animaux. Commencez par placer la nourriture à un seul endroit, puis élargissez progressivement la zone de distribution.

LE ROULEAU SURPRISE

Utilisez, par exemple, de petits cartons, des tubes en liège et des passerelles pour élaborer un parcours d'obstacles et guidez les fins gourmets en les attirant avec une friandise (une rondelle de concombre ou du persil). Les cochons d'Inde particulièrement éveillés y prendront beaucoup de plaisir. Face à un animal plus timide, vous devrez peut-être faire preuve d'un peu de patience. Toutefois, si vous récompensez chaque progrès de l'animal et complimentez le sportif en herbe, il montrera beaucoup d'ardeur à faire cet exercice.

LE PARCOURS D'OBSTACLES

LA BALLE

Les animaleries proposent des balles spécifiques, dotées d'une ouverture dans laquelle introduire la nourriture. Elles sont de différentes tailles : les plus grosses sont adaptées aux petits et grands chiens, alors que d'autres, plus petites, conviennent aux lapins et aux cochons d'Inde. Pour pouvoir manger son contenu, l'animal doit la faire rouler dans l'enclos ou sur le sol. De nombreux animaux apprécient cet exercice. Dans l'idéal, remplissez la balle avec des fruits ou des légumes secs. Toutefois, tous les cochons d'Inde ne maîtrisent pas cette technique de roulement. Il faudra alors leur trouver une autre occupation.

VOIR VIDÉO
Les jouets

Quelques jeux

Être en forme tout en s'amusant

Les cochons d'Inde ont souvent la réputation d'être ennuyeux. C'est injuste pour ces petits animaux éveillés qui, au contraire, sont très intelligents et possèdent de nombreux talents. Prenez le temps de découvrir leurs capacités.

Les cochons d'Inde n'ont pas besoin d'autant d'occupations qu'un chat ou un chien car la vie en groupe leur offre déjà beaucoup de distractions. Vous pouvez néanmoins agrémenter agréablement le quotidien de votre compagnon en lui permettant de jouer et en lui confiant de petites missions. Ces distractions vont non seulement l'occuper, mais également vous permettre de découvrir des facettes insoupçonnées de son comportement. Les cochons d'Inde peuvent apprendre à réagir à l'appel de leur nom, à certains sons et sifflements, à condition d'être déjà apprivoisés.

COMPORTEMENT DANS LA CAGE

Observez plus en détail le comportement de vos petits pensionnaires. Vous apprendrez alors des choses étonnantes. Vous connaîtrez la nourriture préférée de chacun d'entre eux, l'endroit où ils se reposent, l'itinéraire qu'ils

Un animal en liberté et un enfant apprendront à se connaître. Une friandise, comme un morceau de concombre ou du pissenlit, facilitera le rapprochement.

empruntent le plus souvent dans leur enclos ou lorsqu'ils sont en liberté, le congénère avec lequel ils s'entendent le mieux et contre lequel ils se blottissent volontiers. Vous pourrez reconnaître la hiérarchie au sein du groupe, l'animal le plus doué pour grimper et les bruits auxquels ils réagissent le plus. La communication de ces animaux est très variée et mérite véritablement le détour. Quelques tests inoffensifs pour les animaux vous permettront d'en apprendre encore plus. Cette activité se révèle particulièrement gratifiante pour les enfants.

▸ **Pour le test de l'écuelle,** vous avez besoin de trois

Un refuge avec une petite échelle (semblable à celle d'un poulailler) incitera les cochons d'Inde à grimper sur le toit.

écuelles ou bols identiques, sur lesquels vous dessinez un signe différent (par exemple, une croix sur le premier, un rectangle sur le deuxième et un cercle sur le troisième). Le test consiste à placer chaque jour une friandise dans la même écuelle. Au bout d'une semaine, changez d'écuelle et vérifiez si l'animal se dirige d'abord vers la première écuelle.

▸ **Aménagez un labyrinthe** avec des cubes, des briquettes, du bois non traité ou des cartons. Cachez-y une friandise et observez le temps que l'animal met à la découverte.

DANS LE JARDIN
Vos cochons d'Inde apprécient également d'être placés à l'extérieur, dans un enclos mobile (photo page 21), disponible en animaleries. Vous pouvez le déplacer de temps en temps sur l'herbe, afin que les animaux puissent la brouter. N'oubliez pas de couvrir l'enclos afin de protéger les cochons d'Inde des chats et autres rapaces. Placez-y également des cachettes et une écuelle avec de l'eau.

En forme

L'environnement idéal

Les cochons d'Inde vivant dans votre logement ont besoin de se dégourdir les pattes tous les jours. Cette sortie sera l'événement de la journée de vos animaux, notamment lorsqu'ils fileront à la queue leu leu dans toute la pièce.

RESTEZ ATTENTIF

Les cochons d'Inde doivent sortir uniquement sous votre surveillance. Vous pourrez ainsi les aider en cas de danger et garder un œil sur eux afin qu'ils ne s'attaquent pas à vos meubles, par exemple. Vous devrez éliminer tout danger potentiel (page suivante).

▸ **Si vous les appelez,** très peu de cochons d'Inde sortiront de leur cachette (sous des meubles par exemple). Toutefois, des animaux apprivoisés se laisseront volontiers attirer par du fourrage à condition qu'ils n'en aient pas mangé juste avant au point d'être rassasiés. C'est pourquoi il est judicieux d'attendre la fin de la promenade avant de nourrir les animaux. Si les cochons d'Inde refusent obstinément de venir, vous pouvez mettre la cage sur le sol et y mettre des friandises. Les petits fugueurs ne résisteront pas très longtemps. Si vous avez affaire à un animal particulièrement tenace, vous pouvez le bloquer, avec précaution, dans un coin de la pièce avec une planche et le prendre doucement. Contrairement aux chats, aux chiens et à de nombreux lapins, les cochons d'Inde ne sont pas propres. Ils ne font pas leurs besoins toujours au même endroit. Ils disséminent leur urine et leurs déjections à divers endroits. Un ménage fréquent est donc inévitable. Vous devez donc y être préparé.

ATTENTION DANGER !

Il y a dans chaque logement des endroits et des objets dangereux pour les cochons d'Inde. Afin que les animaux profitent de leur excursion en toute sécurité, inspectez soigneusement leur zone de promenade.

▸ **Les câbles électriques** doivent impérativement être masqués ou hors de

« Quelle destination ? » Une sortie hors de leur cage permet aux cochons d'Inde de vivre de nombreuses expériences passionnantes, de se divertir et de faire un peu d'exercice.

VOIR VIDÉO
Les dangers
domestiques

portée. Si un animal ronge un câble, il peut prendre une décharge électrique. En outre, les câbles rongés sont dangereux pour l'homme et plus particulièrement pour les enfants.

▸ **Les meubles et tapis traités chimiquement,** ainsi que les produits chimiques, sont toxiques. Les plantes d'appartement peuvent être dangereuses, notamment le cyclamen, la sansevière, le dieffenbachia,

Un cochon d'Inde aimera se reposer sur un coussin moelleux. Veillez tout de même à ce qu'il ne le grignote pas.

À SAVOIR

➔ Une solution de rechange

Les cochons d'Inde doivent sortir de leur cage, mais vous n'avez peut-être pas toujours la possibilité de les surveiller ou d'éliminer tout danger potentiel.
Vous pouvez alors installer un enclos mobile dans la pièce. Plusieurs enclos reliés les uns aux autres offrent beaucoup d'espace.
Vous pouvez l'aménager avec des accessoires permettant aux animaux de se divertir. Vous veillerez à éventuellement recouvrir le carrelage, pour préserver les animaux de leur contact trop froid.

le dragonnier, le lys, le narcisse, le philodendron, le poinsettia, le palmier yucca et le tabac ornemental.

▸ **Les cochons d'Inde peuvent se retrouver coincés** dans une porte, un tiroir, une fente, derrière ou sous un meuble. Avant de les laisser sortir de leur cage, contrôlez portes, tiroirs, etc., en vérifiant notamment que les portes ne peuvent pas se refermer toutes seules. Vous pouvez également empêcher l'accès aux fentes en les recouvrant d'un carton rigide.

▸ **Les balcons** non sécurisés et les escaliers peuvent être à l'origine de graves chutes. Il est impératif d'en bloquer l'accès avec un filet ou un panneau d'aggloméré.

▸ **Les portes** menant à une terrasse doivent être fermées afin que les cochons d'Inde ne puissent pas s'échapper sans que vous vous en aperceviez.

▸ **Courants d'air :** Lorsque vos petits compagnons sont en liberté chez vous, il est impératif de les protéger des courants d'air, sous peine de les voir tomber gravement malades.

▸ **Vous ne devez jamais laisser un cochon d'Inde et un chien** sans surveillance. Les chats devront être mis dans une autre pièce tant que les cochons d'Inde sont en liberté. Des **perroquets** et des **perruches** pourraient les blesser en jouant.

▸ **Vous pouvez blesser** les rongeurs en marchant dessus par inadvertance.

Environnement

Des soins et de l'affection

Le nettoyage

Il est très facile de s'occuper de cochons d'Inde. En effet, ils ont rarement besoin de l'aide de leurs maîtres. Si leur enclos est propre, ils ne dégagent aucune odeur désagréable. Naturellement, vous devrez vous en occuper régulièrement et maintenir leur cage et leur enclos dans un état de propreté convenable.

Les cochons d'Inde à poils normaux et à rosettes se débrouillent seuls pour leur toilette.

SOINS DU PELAGE

Il en est tout autrement pour les cochons d'Inde à poils longs. Afin que les poils ne s'emmêlent pas, vous devez les brosser chaque jour avec une brosse souple et les démêler à l'aide d'un peigne, particulièrement au niveau de l'arrière-train. Généralement, les poils s'emmêlent à cause de petits brins de foin et des particules collantes qui s'y coincent. Lorsque les poils sont trop emmêlés, il ne vous reste plus qu'à les couper avec précaution, à l'aide de ciseaux à bouts ronds et à lames incurvées. Pour ce faire, écartez doucement le nœud de la peau.
▸ **Il est beaucoup plus pratique de raccourcir régulièrement le pelage** des cochons

d'Inde à poils longs. Ramenez les poils à une longueur de 1 ou 2 cm et coupez-les encore plus courts autour de l'anus. Il arrive que les congénères s'en chargent et grignotent le pelage. Ce comportement peut être dû à des troubles carentiels ou à l'ennui. Dans ce cas, vérifiez les conditions d'élevage et l'alimentation des animaux.
▸ **Un bain** ne se justifie uniquement si l'animal est très sale (présence d'excréments)

ou pour lutter contre les parasites. Lorsque le bain est absolument nécessaire, utilisez un shampoing très doux pour bébé ou prescrit par le vétérinaire, puis rincez bien. Essuyez bien l'animal ou séchez-le à l'aide d'un sèche-cheveux dans une pièce bien chauffée, à l'abri des courants d'air, afin qu'il n'attrape pas froid.

SOINS DES GRIFFES

Les cochons d'Inde âgés n'usent pas suffisamment

➡ Les soins réguliers

Tous les jours : retirez les restes de nourriture fraîche, rincez les écuelles et les biberons à l'eau chaude, retirez la litière très sale, brossez les animaux à poils longs et coupez les nœuds.

Toutes les semaines : changez complètement la litière, lavez le fond de la cage et les accessoires avec de l'eau ou une solution de soude chaudes.

Tous les mois : coupez les poils des animaux à poils longs (si nécessaire), lavez le grillage avec de l'eau ou de la solution de soude chaudes.

Si nécessaire : coupez les griffes. Uniquement sur les conseils du vétérinaire : donnez un bain, désinfectez la cage et les accessoires.

Vous n'êtes pas obligé de brosser un cochon d'Inde à poils normaux tel que celui-ci. En revanche, un cochon d'Inde à poils longs exige un brossage régulier.

leurs griffes. Il n'est pas rare qu'elles poussent alors irrégulièrement, se recourbent, « ondulent », ou même tire-bouchonnent. Il est donc essentiel de les couper régulièrement. Demandez à votre vétérinaire comment procéder.

NETTOYAGE DE LA CAGE

Il convient de nettoyer la cage au moins une fois par semaine. La litière sera complètement renouvelée, la cage et les accessoires lavés. Attention à ne pas utiliser de détergents, car ils peuvent irriter la peau et les voies respiratoires des animaux. Il est préférable d'utiliser une lessive à base de cristaux de soude, de type « Saint Marc », qui permet de lutter contre les parasites et leur prolifération. Vous devrez alors effectuer un rinçage soigneux à l'eau chaude. Les biberons seront lavés uniquement avec de l'eau chaude et un goupillon. Les accessoires doivent être bien secs avant d'être replacés dans la cage.

À SAVOIR
➡ **Une petite escale**

Lorsque vous nettoyez la cage, vos cochons d'Inde peuvent aller à leur guise ou, si personne ne peut les surveiller, être placés dans leur boîte de transport ou leur enclos mobile.

VOIR VIDÉO
Le brossage

Nettoyage

Les soins préventifs

La meilleure prévention contre les maladies repose sur une alimentation équilibrée et adaptée, une bonne hygiène et la cohabitation avec au minimum un autre congénère. Si toutes ces conditions sont réunies, les maladies resteront exceptionnelles.

En vous occupant quotidiennement des animaux, vous remarquerez immédiatement des changements de comportement, des troubles alimentaires, des éternuements, une toux, une respiration faible ou haletante, des difficultés de déplacement (claudication, paralysie), une posture tordue ou des problèmes digestifs (p. 52). Vous devez alors emmener l'animal chez le vétérinaire.

VÉRIFICATION RÉGULIÈRE DE L'ÉTAT DE SANTÉ

Chaque semaine, vous devez contrôler l'état de santé de vos cochons d'Inde. Vous ferez alors attention aux points suivants :
- ▸ modification de l'aspect de la peau ou du pelage,
- ▸ larmoiement, écoulement nasal, auriculaire ou génital,
- ▸ couleur de l'urine (normalement jaune et visqueuse),
- ▸ bave, salivation, grincements de dents (signes de problèmes dentaires),
- ▸ plaies, blessures,
- ▸ anus sale,
- ▸ gonflements, rougeurs,
- ▸ modification de la zone caudale et, surtout chez les mâles âgés, de la zone périnéale (voir ci-contre). Si vous constatez l'un des symptômes décrits ci-dessus, vous trouverez dans les paragraphes suivants comment procéder.

Pesez vos cochons d'Inde une fois par semaine. Des variations de poids peuvent être le signe d'une maladie.

Toutefois, si vous ne parvenez pas à caractériser ces symptômes ou que l'état de santé de votre animal vous inquiète, consultez rapidement un vétérinaire.

YEUX, NEZ ET OREILLES

Vous devez consulter un vétérinaire si vous constatez que les oreilles, le nez ou les yeux sont sales, collants, coulent ou présentent des croûtes. Ce symptôme peut trahir la présence d'une maladie, qui doit être traitée par un spécialiste. Dans ce cas, les remèdes « maison » ne sont pas indiqués. Utilisez plutôt un coton-tige (le cas échéant imprégné d'huile de paraffine) pour retirer les croûtes ou les impuretés. En revanche, pour nettoyer les yeux, n'utilisez aucune lotion contenant de la camomille, qui pourrait irriter le contour de l'œil et provoquer une chute de poils.

ANUS ET RÉGION GÉNITALE

Près de l'anus, les cochons d'Inde présentent ce que l'on appelle le sac périnéal. C'est là que s'accumulent fréquemment les excréments, surtout chez les animaux âgés. Une légère pression de l'extérieur vers l'intérieur, effectuée de préférence en même temps de chaque côté, aide le cochon d'Inde à évacuer ces excréments qui ne cessent de s'accumuler. Vous pouvez demander au vétérinaire de vous montrer comment faire la première fois.
▶ **En revanche,** la tache foncée au-dessus de la naissance de la queue est tout à fait normale. Cette tache, appelée zone caudale, est riche en glandes sébacées odorantes ; elle donne des informations sexuelles importantes et constitue en quelque sorte la carte d'identité de l'animal. Les poils de cette zone sont souvent gras. Chez les animaux

Lorsque l'animal s'étire pour attraper une friandise, vous pouvez voir ses dents.

âgés, et plus particulièrement chez les mâles, elle a tendance à produire des sécrétions en quantité excessive, conduisant à un encrassement des poils et à une ulcération.

VOIR VIDÉO
Le check up
- - - - - - - - - -

Soins préventifs

Reconnaître une maladie

Lorsque vous détectez les symptômes d'une maladie, procédez comme indiqué.

PLAIES

Les infections et inflammations de la peau ainsi que les abcès sont généralement provoqués par des morsures ou des objets pointus ou aiguisés. Soignez la blessure avec une pommade cicatrisante que vous trouverez en pharmacie, contenant par exemple du panthénol et des vitamines. Les blessures infectées ou profondes doivent être examinées par un vétérinaire.

PARASITES

Le prurit, qui provoque de fréquentes démangeaisons chez l'animal, trahit généralement la présence de parasites ou des champignons.
▸ **Une chute de poils** peut être provoquée par des troubles hormonaux chez les femelles ou une infestation de parasites, de levure ou de champignons.
▸ **Des points blancs sur les poils ou la peau** sont le signe d'une infestation par des poux.
▸ **Un pelage terne,** des chutes de poils inégalement réparties, des croûtes et des démangeaisons douloureuses sont caractéristiques de la gale, due aux acariens. La plus répandue est la gale sarcoptique, qui atteint la peau en profondeur.
▸ **Des plaques rouges et rondes ou squameuses, des croûtes** ou des chutes de poils révèlent une infestation par des levures ou des champignons. Attention : elles sont transmissibles à l'homme ! Avant de manipuler l'animal, mettez des gants à usage unique ou désinfectez vos mains. Ne touchez aucune partie non protégée de votre corps, comme le visage, avant qu'elle ne soit désinfectée.

Interdisez aux enfants tout contact avec les animaux.
▸ **En cas d'infestation par des parasites,** consultez un vétérinaire, qui prescrira un traitement adéquat.

ALLERGIES

Elles entraînent par exemple des irritations des yeux, du nez et/ou de la peau, ainsi que des inflammations des pattes. Les allergies peuvent être causées par de petites quantités d'allergènes présents dans la litière. Changez-la, puis emmenez l'animal chez le vétérinaire pour essayer de trouver et d'éliminer la cause de l'allergie.

➜ Chez le vétérinaire

Décrivez le plus précisément possible les conditions de vie de votre petit protégé au vétérinaire, indiquez-lui son âge et ses antécédents médicaux éventuels ou les traitements en cours. Si possible, apportez-lui également un échantillon de ses excréments.

Le vétérinaire procédera à un examen minutieux avant de poser son diagnostic. Interrogez-le et prenez des notes par mesure de précaution.

Le vétérinaire vous expliquera, de manière compréhensible, le traitement et ses chances de succès.

Respectez ses consignes et suivez le traitement prescrit.

La tête ronde des cochons d'Inde de race provoque souvent des problèmes dentaires et respiratoires, ainsi qu'avec leurs canaux lacrymaux.

LÈVRES ENFLÉES

Des lèvres enflées et de l'eczéma autour de la bouche (dus à une carence en acides gras essentiels et en vitamines A et C) entraînent de fines gerçures de la peau, qui sont alors infectées par des levures et/ou des bactéries.

▸ **Donnez à votre animal une préparation multivitaminée** ainsi qu'une préparation de vitamine C longue conservation prescrite par le vétérinaire. Proposez également une cuillère à café par jour de graines de lin et de tournesol concassées pour stabiliser la teneur en acides gras essentiels.

INSOLATION

Les cochons d'Inde régulent difficilement leur température. Les animaux en surpoids sont particulièrement sensibles aux coups de chaleur et aux insolations. Les risques apparaissent à une température de 28 °C, souvent associée à un taux d'humidité supérieur à 70 %. Un coup de chaleur se caractérise par une apathie, une respiration haletante et une accélération du pouls, un bleuissement des muqueuses, une

À SAVOIR
→ Maladies secondaires

Un affaiblissement du système immunitaire favorise souvent une infestation de parasites. Vérifiez régulièrement l'alimentation de vos animaux, ainsi que les éventuels facteurs de stress pour corriger tout problème éventuel.

hausse de la température corporelle, passant de 37,4 °C (température normale) à plus de 39,5 °C, et éventuellement une salivation. Consultez immédiatement un vétérinaire !

▸ **En chemin, rafraîchissez**

le cochon d'Inde à l'aide de serviettes humides (non glacées), trempez ses pattes dans de l'eau froide et gardez sa boîte de transport à l'ombre. Si le vétérinaire ne peut vous recevoir immédiatement, donnez-lui quelques millilitres de café léger ou quelques gouttes d'une solution stimulant la circulation sanguine, délivrée sans ordonnance.

EMPOISONNEMENT

Il se caractérise par des troubles digestifs, une forte salivation, des excréments sanglants, une apathie, des tremblements, des spasmes et une paralysie. Consultez rapidement un vétérinaire !

Les maladies

Voici les maladies les plus fréquentes des cochons d'Inde.

DIARRHÉE

Des excréments mous, collants, pâteux ou liquides sont les signes de cette maladie fréquente. Elle peut être provoquée par une nourriture inadaptée, un changement d'alimentation trop brusque, une infection ou une inflammation intestinale. Vous devez modifier le régime alimentaire de l'animal. Pendant deux à trois jours, proposez-lui uniquement du foin et ajoutez de la vitamine C à son eau. Sans amélioration ou en cas d'aggravation des symptômes dans les 24 heures, consultez un vétérinaire. Attention : une diarrhée peut provoquer une déshydratation rapide. Pour vérifier que ce n'est pas le cas, soulevez délicatement la peau du dos du cochon d'Inde entre le pouce et l'index. Si le pli ne se relâche pas tout de suite, il est déshydraté. Consultez immédiatement un vétérinaire ! Si l'animal ne boit pas assez, donnez-lui à boire à l'aide d'une seringue sans aiguille.

CONSTIPATION

Elle peut être due à un manque d'exercice, une alimentation pauvre

Placez les cochons d'Inde dans une boîte pour les emmener chez le vétérinaire. Protégez-les contre les courants d'air et les intempéries.

VOIR VIDÉO
Appliquer une pipette anti-parasitaire
- - - - - - - - - - - -

en fibres ou un manque d'eau. L'animal reste assis dans un coin, la tête baissée, le dos courbé. Il réagit peu, voire pas du tout. Dans ce cas, donnez-lui un peu d'huile de paraffine (de 0,5 à 2 ml selon sa taille) à l'aide d'une seringue sans aiguille. Si la constipation dure plus de 24 heures ou qu'elle l'affaiblit encore, emmenez le chez le vétérinaire.

BALLONNEMENTS

Les gaz intestinaux peuvent rapidement mettre en danger la vie du cochon

À SAVOIR
➜ **Que faire en cas de diarrhée ?**

Le sel permet de lutter contre les pertes de liquide (1 cuillère à soupe rase pour 1 l d'eau bouillie).
Une pomme râpée, une décoction de camomille ou du thé noir peu infusé, tièdes et non sucrés régulent la digestion.
En cas d'inflammation intestinale, proposez au cochon d'Inde des branches de chêne et de saule : leur forte teneur en tanins facilitera sa guérison.

d'Inde, car ils repoussent le diaphragme et compriment le cœur et les poumons. Il peut s'étouffer ou subir un arrêt cardiaque. Les premiers signes sont une apathie et un ventre distendu. Ces ballonnements sont principalement dus à une alimentation inadaptée. Consultez immédiatement un vétérinaire qui prescrira un antispasmodique.

MALADIES DU SYSTÈME RESPIRATOIRE

Une litière produisant de la poussière, un air trop sec, un rhume ou un refroidissement (provoqué par une exposition aux courants d'air, une hypothermie ou une infection) peuvent être à l'origine d'éternuements, d'un écoulement nasal aqueux ou purulent et d'une toux. Essayez d'éliminer le facteur déclenchant. Sans amélioration dans les 24 heures, consultez un vétérinaire. Important : de mauvaises conditions d'élevage et le stress peuvent également favoriser l'apparition d'infections pulmonaires. Si l'animal est faible, emmenez-le sans tarder chez un vétérinaire !

VOIR VIDÉO
Couper
les griffes

Placée dans l'enclos, une brique ou une plaque d'ardoise aide l'animal à user naturellement ses griffes.

OTITES

Elles sont généralement provoquées par de petits corps étrangers, de la poussière, de la saleté, et/ou des champignons. Elles se manifestent souvent par des sécrétions brunes au niveau de l'oreille externe et des démangeaisons fréquentes. On observe aussi un mauvais état général, de la fièvre, un refus de s'alimenter ou une prostration de la tête. Consultez un vétérinaire et demandez-lui de vous montrer comment nettoyer les oreilles de votre animal.

Ce que vous pouvez faire

Respectez les consignes du vétérinaire et ne donnez jamais de médicaments à vos animaux sans lui avoir demandé son avis!

ALIMENTATION

Si votre animal ne mange pas ou souffre d'un problème dentaire empêchant toute mastication, écrasez sa nourriture et mélangez-la avec un peu d'eau ou de thé, selon les indications du vétérinaire.

▸ **Si l'animal refuse cette bouillie,** vous pouvez l'alimenter à l'aide d'une seringue sans aiguille. Introduisez-la dans l'espace dépourvu de dents situé entre les incisives et les

Vérifiez régulièrement que les dents s'usent bien et qu'elles sont correctement positionnées.

prémolaires. Une légère pression à l'arrière de la langue déclenchera le réflexe de déglutition. Attention : l'animal ne doit pas avaler de travers ! À chaque repas, donnez à votre animal 2 à 3 ml de bouillie pour 100 g de poids corporel. Les besoins énergétiques du cochon d'Inde se situent entre 15 et 30 kcal pour 100 g de masse corporelle. Vous pouvez utiliser cette méthode pour lui donner des médicaments.

CHALEUR

Lorsqu'un cochon d'Inde souffre d'un refroidissement ou de douleurs articulaires, le vétérinaire peut vous recommander d'utiliser une lampe infrarouge. Vous la placerez à environ un mètre de l'animal. Naturellement, aucun objet ne devra se trouver à proximité immédiate de la source de chaleur afin d'éviter tout incendie. N'exposez qu'une partie de la cage au rayonnement afin que l'animal puisse se retirer s'il a trop chaud.

INHALATIONS

Le vétérinaire peut vous prescrire ce type de traitement en cas de rhume. Versez une infusion chaude de camomille dans un bol, placé près de la cage. Veillez à ce que l'air circule bien autour de la cage, tout en évitant naturellement les courants d'air. Si le cochon d'Inde est bien apprivoisé, prenez-le sur vos genoux, le bol sur le sol. Recouvrez le bol d'une grille.

POUR UNE VIEILLESSE HEUREUSE…

Nos cochons d'Inde vivent 6 à 8 ans. Ils atteignent plus rarement l'âge de 10 ans, voire plus. Dès l'âge de 5 ans, on peut dire qu'ils font partie des animaux âgés. L'âge avancé d'un cochon d'Inde ne le dispense pas de traitements vétérinaires en cas de maladie. Rendez la fin de vie de votre animal heureuse et agréable.

▸ **Une litière moelleuse,** composée de copeaux ne produisant pas de poussière et de foin sans brindilles dures, est confortable, prévient les blessures des orteils et des coussinets et maintient le corps au chaud. Vérifiez bien que l'animal n'a pas froid et utilisez si nécessaire une lampe infrarouge.

▸ **Faites régulièrement contrôler la dentition**

La vie en groupe est essentielle aux animaux âgés. Plusieurs femelles et un mâle castré, tous âgés, cohabiteront sans problème.

de votre animal par un vétérinaire, qui vérifiera si les molaires s'usent normalement et sont correctement positionnées. Il effectuera une correction si nécessaire.

▸ **Une alimentation variée** est essentielle. Outre sa nourriture habituelle, vous pouvez proposer des granules de farines d'herbe ou de luzerne (riches en protéines, vitamines, minéraux et oligoéléments). Un vieux cochon d'Inde qui a des problèmes pour s'alimenter sera nourri à la main avec un reconstituant (bouillie de légumes pour bébé, granules de farine d'herbes réduits en poudre et préparation multivitaminée).
Si l'animal manque d'appétit, il appréciera les concombres et les melons, contenant beaucoup d'eau.

VOIR VIDÉO
Faire avaler
un médicament

Remèdes

La reproduction

Un propriétaire de cochons d'Inde aura parfois la surprise de se retrouver, quelques semaines après l'achat de animal, avec plusieurs cochons d'Inde ! Qu'adviendra-t-il de ces petits ? C'est un point auquel vous devez songer si vous souhaitez que vos animaux se reproduisent.

Les cochons d'Inde atteignent très rapidement leur maturité sexuelle et se reproduisent très facilement. Les femelles deviennent fécondes entre 28 et 35 jours, et même à 20 jours dans des cas exceptionnels. Les mâles peuvent se reproduire à partir de 60 à 75 jours.

Peu de personnes restent insensibles à la vue de ce spectacle. À la naissance, les cochons d'Inde sont prêts à affronter le monde.

UNE FORTE PROPENSION À SE REPRODUIRE

Si vous ne souhaitez pas que vos animaux se reproduisent, les mâles doivent être séparés très tôt des femelles. Cette facilité que les animaux ont à se reproduire est non seulement due à leur maturité sexuelle très précoce, mais également au fait qu'une mère est de nouveau en chaleur entre 105 minutes et 13 heures après la mise bas. Elle peut donc redevenir gravide très rapidement. Avec un simple calcul, on peut donc voir qu'un couple peut donner naissance à cent petits en une année !

▸**Pour empêcher toute reproduction,** le mâle doit être castré s'il est élevé avec des femelles.

▸**Pour lancer un élevage et la reproduction,** les femelles devront être âgées de 4 à 6 mois. Les mâles seront un peu plus vieux, entre

6 et 7 mois. Lors de leur première portée, les femelles ne doivent pas être âgées de plus d'un an. Pas plus de 6 à 7 mois doivent s'écouler entre deux portées. Dans le cas contraire, le bassin s'ossifie de manière excessive et des problèmes peuvent survenir lors de la naissance des petits.

FACTEURS GÉNÉTIQUES À RISQUE

Les dalmatiens et les rouans (voir photo page 16) sont porteurs d'un facteur létal : cela signifie que les animaux ayant hérité du gène de leurs deux parents ne sont pas viables ou trop faibles. Aussi ces animaux doivent-ils uniquement se reproduire avec des animaux unicolores.

GESTATION ET MISE BAS

Après une gestation de 59 à 74 jours (68 en moyenne),

la femelle donne naissance à une portée d'un à six petits. Généralement, la première portée ne comprend qu'un ou deux petits. Dès trois ou quatre semaines de gestation, vous pouvez les sentir bouger en palpant doucement le ventre de la mère.

▸ **La naissance s'annonce de manière discrète** chez le cochon d'Inde, dont la prise de poids est particulièrement visible en cas de portée nombreuse. Il en est autrement si l'on palpe la symphyse pubienne. Elle se trouve au milieu du bassin, un peu au-dessus des parties génitales et ne s'ouvre que quelques jours avant la mise bas, d'abord de deux centimètres environ. On peut alors y introduire l'index. La naissance des petits est imminente. Pour mettre bas, la mère prend une position accroupie. Une fois que le petit, encore dans l'enveloppe fœtale, est sorti, sa mère le place devant elle, ouvre cette enveloppe et la mange immédiatement, souvent avec le placenta. Elle commence ensuite à lécher le petit pour le sécher. En cas de naissance multiple, le petit suivant arrive généralement très rapidement.

L'unique paire de mamelles de la femelle est située très en arrière. Lors de la tétée, la femelle adopte donc cette posture accroupie caractéristique.

À SAVOIR
➜ **Soins des petits**

Si la mère lèche les petits qui viennent de naître, ne la dérangez pas.

En cas de naissances multiples, la mère n'a pas toujours le temps de sécher convenablement sa progéniture. Vous pouvez alors l'aider en séchant et en réchauffant les petits.

Reproduction

L'ÉDUCATION
des petits

Les cochons d'Inde sont des animaux nidifuges typiques. Très peu de temps après la naissance, ils sont capables de se débrouiller seuls. Les petits vont alors grandir à vitesse grand V et deviendront rapidement adultes.

À la naissance, les cochons d'Inde naissent avec leur pelage et ils peuvent voir et entendre. Leurs yeux s'ouvrent même deux semaines avant la naissance ! Leurs dents de lait percent entre le 43e et le 48e jour de gestation et sont déjà résorbées au 55e jour.

Lorsqu'ils naissent, ils possèdent déjà toutes leurs dents définitives. Seules les molaires du fond sont encore recouvertes par une muqueuse. Le poids des nouveau-nés est très variable. Il se situe généralement entre 45 et 110 g. Exceptionnellement, il peut

atteindre 140 g. Les petits pesant moins de 35 à 40 g ont malheureusement peu de chances de survivre. Les petits nés seuls affichent généralement un poids plus élevé que ceux nés avec leurs frères et sœurs.

PLEIN D'ENTRAIN

Quelques heures après leur naissance, les jeunes cochons d'Inde commencent déjà à courir partout.
Les petits de différentes portées s'installent souvent tous ensemble dans un abri.
En revanche, l'introduction de petits issus d'une autre cage dans cette « mini-garderie » est souvent difficile.

Dès les premiers jours de leur vie, les jeunes cochons d'Inde mangent des aliments solides en plus du lait maternel. En outre, ils doivent absolument manger les cæcotrophes de leur mère ou d'un autre cochon d'Inde. Il en va de leur survie. Ainsi, ils reçoivent un apport suffisant en vitamines. Treize à 17 jours après la naissance, le poids des juvéniles a déjà doublé. Entre 4 et 8 semaines, ils pèsent entre 250 g et 400 g. Les différences de poids à la naissance sont encore visibles plusieurs semaines après.

AFFAMÉS

Les animaux poursuivent leur croissance, mais à un rythme moindre au fur et à mesure que les petits prennent de l'âge. Les cochons d'Inde cessent de grandir lorsqu'ils ont atteint l'âge de 15 mois. Les mâles pèsent alors entre 1 000 et 1 800 g, les femelles entre 700 et 1 200 g. Un poids supérieur est souvent lié à un surpoids. Les petits peuvent être séparés de leur mère à l'âge de 3 ou 4 semaines. Lorsque les petits ont environ 14 jours, leur mère réagit de moins en moins à leurs appels, ce qui les oblige à devenir autonomes.

DEVENIR ADULTE

Éducation des petits

Coin infos

AUTEURS

Le Dr Friedrich Altmann, auteur du livre, est vétérinaire et zoologue. Vétérinaire et directeur d'un zoo, il a aussi enseigné à l'université de médecine vétérinaire de Vienne, en Autriche.

Regina Kuhn, auteur des photographies, est photographe indépendante. Elle possède une longue expérience dans la photographie d'animaux domestiques.

Le Dr Jean-François Quinton, auteur des vidéos, est vétérinaire. Il se consacre aux Nouveaux Animaux de Compagnie (NAC) depuis plus de 10 ans. Chargé d'enseignement à l'École nationale Vétérinaire de Maisons-Alfort pendant de nombreuses années, il est l'auteur de nombreuses publications et d'ouvrages (*Soins du furet et Soins du lapin de compagnie*, aux éditions Ulmer).

Philippe Rocher, réalisateur des vidéos, a réalisé de nombreux reportages photographiques animaliers et collabore depuis de nombreuses années avec l'association Agronomes et Vétérinaires sans Frontières.

L'auteur et l'éditeur se sont efforcés d'apporter les informations les plus fiables possibles.

Des erreurs ne peuvent toutefois être totalement exclues. Aucune garantie quant à l'exactitude des informations ne peut donc être donnée. Leur responsabilité pour les dommages éventuels qui pourraient en résulter ne pourra être juridiquement invoquée.

Toutes les photographies sont de Regina Kuhn, sauf p. 63 et recto de la couverture : Philippe Rocher.

L'édition originale de ce titre a été publiée en
allemand sous le titre « Meerschweinchen »,
© 2006, Stuttgart (Hohenheim)

Traduit de l'allemand par Caroline Lelong.

© 2015 Les Éditions Eugen Ulmer
24, rue de Mogador 75009 Paris
Tél. : 01 48 05 03 03
Fax : 01 48 05 02 04
Internet : www.editions-ulmer.fr

Réalisation : Bénédicte Dumont
Impression et reliure : Alcione, Trento
Printed in Italy

ISBN : 978-2-84138-760-1
N° d'édition : 760-01

LECTURE COMPLÉMENTAIRE

Les cochons d'Inde
de Fritz Dietrich Altmann

Collection « Animaux de compagnie »

Un livre qui vous fournit encore plus
d'informations utiles et de conseils
pratiques pour bien soigner votre
cochon d'Inde.

96 pages, 15,20 €
ISBN : 978-2-84138-250-7

Coin infos

Index

Index

Quelques conseils pour t'amuser avec tes
Cochons d'Inde

Avec les cochons d'Inde, il se passe toujours quelque chose. Ils sont toujours à la recherche d'une friandise ou se blottissent les uns contre les autres.

Tes animaux aimeront profiter du jardin par une belle journée ensoleillée. Toutefois, pour ne pas attraper de coup de soleil, ils ont besoin d'une place à l'ombre. Tu peux leur fabriquer facilement un superbe parasol. Il te suffit d'un tissu et de quatre bâtons ou baguettes, d'attacher un coin du tissu à chaque bâton et de planter les bâtons dans le sol. Ça y est, le parasol est prêt !